TABELLEN

ZUR

MALZ- UND BIERANALYSE

BERECHNET VON

Dr. DOEMENS

5. AUFLAGE (MANULDRUCK)

I. LUFT-TABELLE
II. ZUCKER-(EXTRAKT-)TABELLE
III. ALKOHOL-TABELLE
IV. STAMMWÜRZE-TABELLE

MÜNCHEN UND BERLIN 1938
VERLAG VON R. OLDENBOURG

Manuldruck von F. Ullmann G. m. b. H., Zwickau Sa.

Printed in Germany

I. Luft-Tabelle.

Die Zahlen der Tabelle bedeuten die Gewichte von 1 cm³ trockener Zimmerluft von normalem Kohlensäuregehalt (0,06 Vol.-⁰/₀) in g (= λ) bei H mm Barometerstand (auf 0⁰ reduziert)*) und der Temperatur t^0 nach der Formel:

$$\lambda = \frac{0{,}0012932 \cdot H}{(1 + 0{,}00367 \cdot t)\,760}.$$

Der Feuchtigkeitsgehalt der Luft kann bei Arbeiten im Brauereilaboratorium unberücksichtigt bleiben, da er das Luftgewicht nur wenig beeinflußt.

Würde die Luft z. B. bei 20⁰ Temperatur und 750 mm Barometerstand 50 Prozent des Sättigungsgrades an Feuchtigkeit enthalten, was bei 20⁰ einem Dampfdruck von 8,8 mm entspricht, so berechnet sich das Gewicht von 1 cm³ Luft nach der Formel

$$\frac{0{,}0012932 \left(750 - \frac{3}{8} \cdot 8{,}8\right)}{(1 + 0{,}00367 \cdot 20)\,760} \text{ zu } 0{,}001184 \text{ g,}$$

während nach obiger Formel für trockene Luft sich

$$\frac{0{,}0012932 \cdot 750}{(1 + 0{,}00367 \cdot 20)\,760} = 0{,}001189 \text{ g ergibt.}$$

Die Tabelle dürfte alle in deutschen Brauereilaboratorien vorkommenden Luftgewichte umfassen. An sehr hoch gelegenen Orten im Auslande sind die den gegebenen Druck- und Temperaturverhältnissen entsprechenden Luftgewichte nach obiger Formel zu berechnen.

Beispiel für den Gebrauch der Tabelle: Bei einer Wägung betrug die Temperatur der Luft im Wagkasten 18⁰, der Baromerstand im gleichen Stockwerk 755 mm, so beträgt das Gewicht von 1 cm³ Luft laut Tabelle 0,001205 g, wobei zu beachten ist, daß das 0,00 über jeder Spalte der Tabelle steht.

II. Zucker-(Extrakt-)Tabelle.

Die Tabelle wurde berechnet nach der Zuckertabelle von Plato (Wissenschaftliche Abhandlungen der Normal-Eichungs-

---

*) Für gewöhnlich kann die Reduktion auf 0⁰ unterbleiben.

kommission. Die Dichte, Ausdehnung und Kapillarität von Lösungen reinen Rohrzuckers in Wasser. Von Dr. F. Plato, Berlin 1900. Tafel 2). Die Platotafel 2 enthält die spezifischen Gewichte von Zuckerlösungen bis 70^0 für Temperaturen von 0 bis 60^0 bezogen auf Wasser von 15^0. Die spezifischen Gewichte $\frac{17,5^0}{15^0}$ können also ohne weiteres durch Interpolation der Platotabelle entnommen werden. Zur Umrechnung auf $\frac{17,5^0}{17,5^0}$ waren diese mit

$$\frac{0{,}999126 \;(= \text{wahres spez. Gew. d. Wasser bei } 15^0)}{0{,}998713 \;(= \text{wahres spez. Gew. d. Wasser bei } 17{,}5^0)}$$

zu multiplizieren.

In der als Nachtrag zu den Ausführungsbestimmungen des Bayer. Malzaufschlaggesetzes vom 18. März 1910 erschienenen Tabelle ist diese Umrechnung für Zuckerlösungen von 0,1 bis $20{,}9^0/_0$, in Abständen von je $0{,}1^0/_0$ erfolgt und konnte daher diese Tabelle bei der Aufstellung der vorliegenden Tabelle mitbenutzt werden. Wie für Zuckerlösungen ist die Tabelle auch für Extraktlösungen (Würzen) ohne weiteres anwendbar, wie allgemein üblich.

Das spezifische Gewicht $\frac{17,5^0}{17,5^0}$ einer Lösung wird gefunden, indem man das Gewicht der Lösung von $17{,}5^0$ Temperatur dividiert durch das Gewicht des gleichen Volumens Wasser von ebenfalls $17{,}5^0$. Jedoch sind beide Gewichte, die durch Wägung in Luft gefunden wurden, zuvor auf luftleeren Raum umzurechnen*).

Die Spalte 2 der nachstehenden Tabelle enthält die den Zahlen für das spezifische Gewicht entsprechenden Gewichtsprozente, diese geben also an, wieviel g Zucker (oder Extrakt) in 100 g oder wieviel kg in 100 kg oder in 1 q Lösung (oder Würze) enthalten sind. Die Spalte 3 enthält die sog. Volumprozente (eigentlich Gewichtsvolumprozente), d. h. die g in 100 cm³ oder die kg in 100 l oder 1 hl. Die Spalte 3 wurde berechnet einfach durch Multiplikation der 1. und der 2. Spalte,

---

*) Formel für diese Umrechnung sowie Vereinfachung der Rechnung s. F. Pawlowski, Die brautechnischen Untersuchungsmethoden, 5. Auflage, München 1938. Wünscht man lieber bei 20^0 zu arbeiten, so kann man den Quotienten, der sich aus den in der Luft gefundenen Gewichten errechnet, gleich dem wirklichen spez. Gewicht $\frac{17,5^0}{17,5^0}$ setzen und den entsprechenden Prozentgehalt der Tabelle entnehmen. Zwischen 6 und 10 Prozent entsteht dadurch nur ein Fehler von wenigen Tausendstel.

wobei also das Gewicht von 1 cm³ Wasser von 17,5⁰ (= 1 Mohr-
scher cm³) einfach gleich 1 g gesetzt wurde, was natürlich
nicht ganz richtig ist. Um das wahre spezifische Gewicht, also
$\frac{17,5^0}{4^0}$ zu finden, müßte man die 1. Spalte mit dem spez. Gew.
des Wassers bei 17,5⁰, also mit 0,998713 multiplizieren; mit
diesem Faktor wären daher auch die Zahlen der Spalte 3 zu
multiplizieren. Diese Umrechnung kann aber ohne nennens-
werten Fehler sowohl im Betrieb als im Laboratorium weg-
gelassen werden. In den Fällen, in denen man beim Eichen
von Gefäßen 1 l Wasser von mittlerer Temperatur gleich 1 kg
setzt, ist die Spalte 3 selbstverständlich ohne weiteres voll-
kommen richtig.

Beispiel 1. Eine Würze zeigt das spez. Gew. $\frac{17,5^0}{17,5^0}$
1,0343.

Dann sind in 100 g Würze 8,605 (Spalte 2) g Extrakt oder
in 1 q Würze 8,605 kg Extrakt und in 100 cm³ Würze 8,900
(Spalte 3) g oder in 1 hl Würze 8,900 kg Extrakt enthalten.
In Wirklichkeit wären allerdings in 100 wahren cm³ 8,900
× 0,998713 = 8,8885457 g Extrakt, wofür man aber in der
Praxis, sowohl im Laboratorium wie im Betrieb, ruhig 8,900
setzen kann.

Beispiel 2. Spez. Gew. der Würze $\frac{17,5^0}{17,5^0}$ 1,03734.

Spalte 1 enthält die Zahl 1,03734 nicht. Für die deshalb
erforderliche Interpolation beachte man, daß die Zahlen der
2. und 3. Spalte wenigstens in den am meisten vorkommenden
Fällen von Zeile zu Zeile immer um ca. 25 Einheiten in der
letzten Stelle ansteigen. Für eine Einheit in der 4. oder 10 Einheiten in der 5. Dezimalstelle steigt die Extraktzahl um 25,
also für 1 in der 5. Dezimalstelle um 2,5 und für 4 um 4 × 2,5
= 10. Da nun dem spez. Gew. 1,0373 9,334 Gewichtprozent
entsprechen, so entsprechen dem spez. Gew. 1,03734

9,334	und	9,682
+ 10		+ 10
9,344 Gewichtprozent		9,692 Vol.-Proz.

Wenn eine nur ganz annähernde Zahl genügt, so kann der
Extraktgehalt aus dem spez. Gewicht berechnet werden nach
der Formel

$$\text{Gew.-}\% = \frac{D-1}{0,004}, \text{ z. B. } \frac{1,0343-1}{0,004} = 8,560.$$

Umgekehrt findet man das spez. Gewicht aus

$$D = (\text{Gew.-}\% \times 0,004) + 1, \text{ z. B. } (9,344 \times 0,004) + 1$$
$$= 1,037376.$$

III. Alkohol-Tabelle.

Berechnet nach den Tafeln der Normal-Eichungskommission in Berlin.

Auch hier ist wie bei Tab. II das spez. Gew. aus den auf luftleeren Raum bezogenen Gewichten berechnet. Während bei Tab. II der Extraktgehalt für jede Einheit in der vierten Dezimalstelle des spez. Gew. um 25 in der dritten Dezimalstelle steigt, steigt hier, wenigstens bei den häufigst vorkommenden Stellen, der Alkoholgehalt von Zeile zu Zeile, so oft also das spez. Gew. um 1 in der vierten Dezimalstelle fällt, um ca. 60 in der dritten Dezimalstelle. Ein Fehler im spez. Gew. von 0,0001 bedeutet also bei einer Alkohollösung einen Fehler in der Prozentzahl von 0,06, bei Extrakt dagegen nur 0,025.

Beispiel. Spez. Gew. $\frac{17,5^0}{17,5^0}$ eines Bierdestillates 0,99234. 0,9923 entspricht 4,330$^0/_0$ Alkohol.

Für jede Einheit mehr in der fünften Dezimalstelle ist 6, für 4 Einheiten $4 \times 6 = 24$ abzuziehen, daher

$$\text{Alkohol} = \begin{array}{r} 4,330 \\ -24 \\ \hline 4,306^0/_0. \end{array}$$

Die dritte Spalte auf der ersten Seite der Tabelle ergibt bei der Bieranalyse bei Anwendung von 75 g Bier und wenn der Wasserwert des Pyknometers genau 50 g beträgt, ohne weiteres aus dem spez. Gewicht des Bierdestillates den Alkoholgehalt des Bieres in Gew.-$^0/_0$. Faßt das Pyknometer nicht genau 50 g Wasser, so ist eine kleine Korrektur anzubringen.

Beispiel. Wasserwert des Pyknometers 49,83 (abgerundet, in Luft). Spez. Gew. des Destillates 0,9889. Dieses entspricht laut Tabelle, Spalte 3, 4,264$^0/_0$ Alkohol im Bier. Da aber das Pyknometer nur 49,83 statt 50,00 cm³ faßt, so ist von 5000 17, daher von 4264 rund 14 abzuziehen, daher Alkohol genau $4264 - 14 = 4,250^0/_0$.

IV. Tabelle zur Berechnung der Stammwürze bei der Bieranalyse.

Aus der Ballingschen Formel

ergibt sich
$$p = \frac{(A \cdot 2,0665 + n)\,100}{100 + A \cdot 1,0665}$$

$$\frac{A}{p - n} = \frac{100}{2,0665 \cdot 100 - p \cdot 1,0665}.$$

Die Werte $\frac{A}{p-n}$ hat Balling für die p-Werte von 1 bis

30 berechnet, sie finden sich unter der Bezeichnung b in der bekannten Faktorentabelle von Balling (Pawlowski, Tab. **X**).

Es ist also

$$b = \frac{A}{p - n}$$

und daher

$$p = \frac{A}{b} + n.$$

Nach dieser Formel kann der Stammwürzegehalt eines Bieres ($= p$) berechnet werden, wenn in Gew.-$^0/_0$ Extraktgehalt ($= n$) und Alkoholgehalt ($= A$) des Bieres bekannt sind. b kann der Tabelle **X** entnommen werden und ist auch in nachstehender Tabelle IV enthalten. Dabei braucht aber $\frac{A}{b}$ nicht berechnet zu werden, sondern kann der nachstehenden Tabelle IV entnommen werden.

Beispiel. Alkohol $= A = 3{,}573$, wirklicher Extrakt $= n = 5{,}942$.

Man suche nun zunächst den annähernden p-Wert aus $2\,A + n$, hier $2 \times 3{,}573 + 5{,}942 = $ ca. 13. Dann entnehme man der Tabelle die $3{,}5^0/_0$ Alkohol (1. Spalte) und $13^0/_0$ Stammwürze (1. Zeile) entsprechende Zahl 6,748, während $3{,}6^0/_0$ Alkohol 6,941 entsprechen würde. Dann ist zu der Zahl 6,748 für die $3{,}573 - 3{,}5 = 0{,}073^0/_0$ Alkohol $2 \times 0{,}073$ oder genauer $\frac{(6{,}941 - 6{,}748)\,73}{100} = 0{,}141$ und außerdem der n-Wert zu addieren. Somit

$$\begin{array}{r} p = 6{,}748 \\ 0{,}141 \\ 5{,}942 \\ \hline 12{,}831 \end{array}$$

Nun bildete aber 6,748 die einer 13 prozentigen Stammwürze entsprechende Tabellenzahl, die für eine 12 prozentige beträgt 6,786, ist also um 38 höher, daher ist zu obigem p-Wert noch rund 6 (genau $\frac{38 \cdot (1000 - 831)}{1000} = 6{,}42$) zu addieren.

Also genauer Wert für

$$\begin{array}{r} p = 12{,}831 \\ + 6 \\ \hline \mathbf{12{,}837}\,^0/_0 \end{array}$$

Der so gefundene Wert ist nicht etwa ein annähernder, sondern stimmt genau mit dem Resultat aus der obigen großen Formel für p überein. In unserem Beispiel ist

$$p = \frac{(3{,}573 \cdot 2\,0665 + 5{,}942)\,100}{100 + 3{,}573 \cdot 1{,}0665} = \mathbf{12{,}838}\,^0/_0.$$

I. Luft-Tabelle.
Gewichte von 1 cm³ Luft in g.

Temp. in C° =	Barometerstand in mm = H								
	690	695	700	705	710	715	720	725	730
	0,00	0,00	0,00	0,00	0,00	0,00	0,00	0,00	0,00
0	1174	1183	1191	1200	1208	1217	1225	1234	1242
1	1170	1179	1187	1195	1204	1212	1221	1229	1238
2	1165	1174	1182	1191	1199	1208	1216	1225	1233
3	1161	1170	1178	1187	1195	1203	1212	1220	1229
4	1157	1165	1174	1182	1191	1199	1207	1216	1224
5	1153	1161	1170	1178	1186	1195	1203	1211	1220
6	1149	1157	1165	1174	1182	1190	1199	1207	1215
7	1145	1153	1161	1170	1178	1186	1194	1203	1211
8	1141	1149	1157	1165	1174	1182	1190	1199	1207
9	1137	1145	1153	1161	1169	1178	1186	1194	1202
10	1133	1141	1149	1157	1165	1173	1182	1190	1198
11	1129	1137	1145	1153	1161	1169	1178	1186	1194
12	1125	1133	1141	1149	1157	1165	1173	1182	1190
13	1121	1129	1137	1145	1153	1161	1169	1178	1186
14	1117	1125	1133	1141	1149	1157	1165	1173	1181
15	1113	1121	1129	1137	1145	1153	1161	1169	1177
16	1109	1117	1125	1133	1141	1149	1157	1165	1173
17	1105	1113	1121	1129	1137	1145	1153	1161	1169
18	1101	1109	1117	1125	1133	1141	1149	1157	1165
19	1097	1105	1113	1121	1129	1137	1145	1153	1161
20	1094	1102	1110	1118	1126	1133	1141	1149	1157
21	1090	1098	1106	1114	1122	1130	1137	1145	1153
22	1086	1094	1102	1110	1118	1126	1134	1141	1149
23	1082	1090	1098	1106	1114	1122	1130	1138	1145
24	1079	1087	1095	1102	1110	1118	1126	1134	1142
25	1075	1083	1091	1099	1107	1114	1122	1130	1138
26	1072	1080	1087	1095	1103	1111	1118	1126	1134
27	1068	1076	1084	1091	1099	1107	1115	1122	1130
28	1065	1072	1080	1088	1096	1103	1111	1119	1126
29	1061	1069	1077	1084	1092	1100	1107	1115	1123
30	1058	1065	1073	1081	1088	1096	1104	1111	1119

I. Luft-Tabelle.
Gewichte von 1 cm³ Luft in g.

Barometerstand in mm = H										Temp. in C° = t
735	740	745	750	755	760	765	770	775	780	
0,00	0,00	0,00	0,00	0,00	0,00	0,00	0,00	0,00	0,00	
1251	1259	1268	1276	1285	1293	1302	1310	1319	1327	0
1246	1255	1263	1272	1280	1288	1297	1305	1314	1322	1
1241	1250	1258	1267	1275	1284	1292	1301	1309	1318	2
1237	1245	1254	1262	1271	1279	1288	1296	1304	1313	3
1233	1241	1249	1258	1266	1274	1283	1291	1300	1308	4
1228	1236	1244	1253	1261	1270	1278	1287	1295	1303	5
1224	1232	1240	1249	1257	1265	1274	1282	1290	1299	6
1219	1228	1236	1244	1253	1261	1269	1277	1286	1294	7
1215	1223	1232	1240	1248	1256	1265	1273	1281	1289	8
1211	1219	1227	1235	1244	1252	1260	1268	1277	1285	9
1206	1215	1223	1231	1239	1247	1256	1264	1272	1280	10
1202	1210	1218	1227	1235	1243	1251	1259	1268	1276	11
1198	1206	1214	1222	1231	1239	1247	1255	1263	1271	12
1194	1202	1210	1218	1226	1234	1242	1251	1259	1267	13
1190	1198	1206	1214	1222	1230	1238	1246	1254	1262	14
1185	1193	1201	1210	1218	1226	1234	1242	1250	1258	15
1181	1189	1197	1205	1213	1221	1230	1238	1246	1254	16
1177	1185	1193	1201	1209	1217	1225	1233	1241	1249	17
1173	1181	1189	1197	1205	1213	1221	1229	1237	1245	18
1169	1177	1185	1193	1201	1209	1217	1225	1233	1241	19
1165	1173	1181	1189	1197	1205	1213	1221	1229	1236	20
1161	1169	1177	1185	1193	1201	1209	1216	1224	1232	21
1157	1165	1173	1181	1189	1197	1205	1212	1220	1228	22
1153	1161	1169	1177	1185	1193	1201	1208	1216	1224	23
1149	1157	1165	1173	1181	1189	1197	1204	1212	1220	24
1146	1153	1161	1169	1177	1185	1193	1200	1208	1216	25
1142	1149	1157	1165	1173	1181	1189	1196	1204	1212	26
1138	1146	1153	1161	1169	1177	1185	1192	1200	1208	27
1134	1142	1150	1157	1165	1173	1181	1188	1196	1204	28
1130	1138	1146	1153	1161	1169	1177	1184	1192	1200	29
1127	1134	1142	1150	1157	1165	1173	1180	1188	1196	30

Spez. Gew. $\frac{17,5°}{17,5°}$ = D	Gew.-% g in 100 g = S	Vol.-% g in 100 cm³ =D×S	Spez. Gew. $\frac{17,5°}{17,5°}$ = D	Gew.-% g in 100 g = S	Vol.-% g in 100 cm³ =D×S	Spez. Gew. $\frac{17,5°}{17,5°}$ = D	Gew.-% g in 100 g = S	Vol.-% g in 100 cm³ =D×S	Spez. Gew. $\frac{17,5°}{17,5°}$ = D	Gew.-% g in 100 g = S	Vol.-% g in 100 cm³ =D×S
1	2	3	1	2	3	1	2	3	1	2	3
1,0000	0,000	0,000	1,0050	1,287	1,294	1,0100	2,562	2,587	1,0150	3,826	3,883
1	0,025	0,025	1	1,313	1,320	1	2,587	2,613	1	3,851	3,909
2	0,051	0,051	2	1,338	1,345	2	2,613	2,640	2	3,877	3,935
3	0,077	0,077	3	1,364	1,371	3	2,638	2,666	3	3,902	3,961
4	0,102	0,102	4	1,390	1,397	4	2,664	2,692	4	3,927	3,987
5	0,128	0,128	5	1,415	1,423	5	2,690	2,718	5	3,952	4,013
6	0,154	0,154	6	1,440	1,448	6	2,715	2,744	6	3,977	4,039
7	0,180	0,180	7	1,465	1,473	7	2,741	2,770	7	4,002	4,065
8	0,206	0,206	8	1,490	1,499	8	2,767	2,796	8	4,027	4,091
9	0,232	0,232	9	1,515	1,524	9	2,792	2,822	9	4,052	4,116
1,0010	0,258	0,258	1,0060	1,541	1,550	1,0110	2,817	2,848	1,0160	4,077	4,142
1	0,284	0,284	1	1,567	1,576	1	2,842	2,874	1	4,102	4,168
2	0,310	0,310	2	1,592	1,602	2	2,868	2,900	2	4,127	4,194
3	0,336	0,336	3	1,618	1,628	3	2,893	2,926	3	4,152	4,220
4	0,362	0,362	4	1,644	1,654	4	2,918	2,952	4	4,177	4,245
5	0,387	0,388	5	1,669	1,680	5	2,944	2,978	5	4,202	4,271
6	0,413	0,414	6	1,695	1,706	6	2,969	3,004	6	4,227	4,297
7	0,438	0,439	7	1,720	1,732	7	2,995	3,030	7	4,252	4,323
8	0,464	0,465	8	1,746	1,758	8	3,020	3,056	8	4,277	4,349
9	0,490	0,491	9	1,772	1,784	9	3,045	3,081	9	4,302	4,375
1,0020	0,516	0,517	1,0070	1,798	1,810	1,0120	3,070	3,107	1,0170	4,327	4,401
1	0,541	0,542	1	1,823	1,836	1	3,095	3,133	1	4,352	4,426
2	0,567	0,568	2	1,849	1,862	2	3,120	3,159	2	4,377	4,452
3	0,592	0,593	3	1,874	1,888	3	3,146	3,185	3	4,402	4,478
4	0,618	0,619	4	1,900	1,914	4	3,172	3,211	4	4,427	4,504
5	0,643	0,645	5	1,926	1,940	5	3,197	3,237	5	4,452	4,530
6	0,669	0,671	6	1,951	1,966	6	3,222	3,263	6	4,477	4,556
7	0,695	0,697	7	1,977	1,992	7	3,247	3,288	7	4,503	4,583
8	0,721	0,723	8	2,003	2,018	8	3,272	3,314	8	4,528	4,609
9	0,747	0,749	9	2,028	2,044	9	3,297	3,339	9	4,554	4,635
1,0030	0,773	0,775	1,0080	2,054	2,070	1,0130	3,322	3,365	1,0180	4,579	4,661
1	0,799	0,801	1	2,079	2,096	1	3,347	3,391	1	4,605	4,688
2	0,825	0,827	2	2,105	2,122	2	3,372	3,417	2	4,630	4,714
3	0,851	0,853	3	2,130	2,148	3	3,397	3,442	3	4,655	4,740
4	0,877	0,879	4	2,155	2,173	4	3,422	3,468	4	4,680	4,766
5	0,903	0,905	5	2,180	2,199	5	3,447	3,494	5	4,705	4,792
6	0,928	0,931	6	2,205	2,224	6	3,472	3,520	6	4,730	4,818
7	0,954	0,957	7	2,231	2,250	7	3,497	3,546	7	4,755	4,844
8	0,979	0,983	8	2,256	2,276	8	3,523	3,572	8	4,780	4,870
9	1,005	1,009	9	2,282	2,302	9	3,549	3,598	9	4,805	4,896
1,0040	1,031	1,035	1,0090	2,308	2,328	1,0140	3,574	3,624	1,0190	4,830	4,922
1	1,056	1,060	1	2,333	2,354	1	3,600	3,650	1	4,855	4,948
2	1,082	1,086	2	2,359	2,380	2	3,625	3,676	2	4,880	4,974
3	1,108	1,112	3	2,384	2,406	3	3,650	3,702	3	4,905	5,000
4	1,133	1,138	4	2,410	2,432	4	3,675	3,728	4	4,930	5,026
5	1,159	1,164	5	2,435	2,458	5	3,700	3,754	5	4,955	5,052
6	1,184	1,190	6	2,460	2,484	6	3,725	3,779	6	4,980	5,078
7	1,210	1,216	7	2,485	2,509	7	3,750	3,805	7	5,005	5,104
8	1,236	1,242	8	2,510	2,535	8	3,775	3,831	8	5,030	5,130
9	1,261	1,268	9	2,536	2,561	9	3,800	3,857	9	5,055	5,156

Spez. Gew. 17,5°/17,5° = D	Gew.-% g in 100 g = S	Vol.-% g in 100 cm³ = D×S	Spez. Gew. 17,5°/17,5° = D	Gew.-% g in 100 g = S	Vol.-% g in 100 cm³ = D×S	Spez. Gew. 17,5°/17,5° = D	Gew.-% g in 100 g = S	Vol.-% g in 100 cm³ = D×S	Spez. Gew. 17,5°/17,5° = D	Gew.-% g in 100 g = S	Vol.-% g in 100 cm³ = D×S
1	2	3	1	2	3	1	2	3	1	2	3
1,0200	5,080	5,182	1,0250	6,320	6,478	1,0300	7,554	7,780	1,0350	8,776	9,083
1	5,105	5,208	1	6,345	6,504	1	7,578	7,806	1	8,800	9,109
2	5,130	5,234	2	6,370	6,530	2	7,602	7,832	2	8,824	9,135
3	5,155	5,260	3	6,395	6,557	3	7,627	7,858	3	8,849	9,161
4	5,180	5,286	4	6,420	6,583	4	7,651	7,884	4.	8,873	9,187
5	5,205	5,312	5	6 444	6,608	5	7,676	7,910	5	8,898	9,213
6	5,229	5,337	6	6,468	6,634	6	7,700	7,936	6	8,922	9,239
7	5,254	5,363	7	6,493	6,660	7	7,724	7,962	7	8,946	9,265
8	5,278	5,388	8	6,517	6,685	8	7,749	7,988	8	8,971	9,292
9	5,303	5,414	9	6,542	6,711	9	7,773	8,013	9	8,995	9,318
1,0210	5,328	5,440	1,0260	6,567	6,738	1,0310	7,798	8,039	1,0360	9,019	9,344
1	5,352	5,465	1	6,592	6,764	1	7,822	8,065	1	9,044	9,370
2	5,377	5,491	2	6,617	6,790	2	7,847	8,092	2	9,068	9,396
3	5,402	5,517	3	6,641	6,816	3	7,872	8,118	3	9,093	9,422
4	5,427	5,543	4	6,666	6,842	4	7,897	8,145	4	9,117	9,448
5	5,452	5,569	5	6,690	6,868	5	7,922	8,171	5	9,140	9,474
6	5,477	5,595	6	6,715	6,894	6	7,946	8,197	6	9,164	9,500
7	5,502	5,621	7	6,740	6,920	7	7,971	8,223	7	9,188	9,526
8	5,527	5,647	8	6,765	6,946	8	7,995	8,249	8	9,212	9,552
9	5,552	5,674	9	6,790	6,972	9	8,020	8,275	9	9,237	9,578
1,0220	5,577	5,700	1,0270	6,814	6,998	1,0320	8,044	8,301	1,0370	9,261	9,604
1	5,602	5,726	1	6,839	7,024	1	8,068	8,327	1	9,285	9,630
2	5,627	5,752	2	6,863	7,050	2	8,093	8,353	2	9,310	9,656
3	5,652	5,778	3	6,888	7,076	3	8,117	8,379	3	9,334	9,682
4	5,677	5,804	4	6,912	7,102	4	8,141	8,405	4	9,359	9,708
5	5,702	5,830	5	6,937	7,128	5	8,166	8,431	5	9,383	9,734
6	5,727	5,856	6	6,962	7,154	6	8,190	8,457	6	9,407	9,760
7	5,751	5,882	7	6,987	7,181	7	8,215	8,483	7	9,431	9,786
8	5,776	5,908	8	7,012	7,207	8	8,239	8,509	8	9,455	9,812
9	5,800	5,933	9	7,037	7,233	9	8,263	8,535	9	9,479	9,838
1,0230	5,825	5,959	1,0280	7,061	7,259	1,0330	8,288	8,561	1,0380	9,503	9,864
1	5,850	5,985	1	7,085	7,285	1	8,312	8,587	1	9,527	9,890
2	5,875	6,011	2	7,110	7,311	2	8,337	8,613	2	9,551	9,916
3	5,900	6,037	3	7,135	7,337	3	8,361	8,639	3	9,576	9,943
4	5,925	6,064	4	7,160	7,363	4	8,385	8,665	4	9,600	9,969
5	5,950	6,090	5	7,185	7,390	5	8,410	8,691	5	9,624	9,995
6	5,975	6,116	6	7,210	7,416	6	8,434	8,717	6	9,649	10,021
7	6,000	6,142	7	7,234	7,442	7	8,459	8,743	7	9,673	10,047
8	6,024	6,168	8	7,259	7,468	8	8,483	8,769	8	9,698	10,074
9	6,049	6,194	9	7,283	7,493	9	8,507	8,795	9	9,722	10,100
1,0240	6,073	6,219	1,0290	7,307	7,519	1,0340	8,532	8,821	1,0390	9,746	10,126
1	6,098	6,245	1	7,332	7,545	1	8,556	8,848	1	9,771	10,153
2	6,122	6,271	2	7,356	7,571	2	8,581	8,874	2	9,795	10,179
3	6,147	6,297	3	7,381	7,597	3	8,605	8,900	3	9,819	10,205
4	6,172	6,323	4	7,405	7,623	4	8,629	8,926	4	9,843	10,231
5	6,197	6,349	5	7,430	7,649	5	8,654	8,952	5	9,867	10,257
6	6,222	6,375	6	7,455	7,676	6	8,678	8,978	6	9,891	10,283
7	6 246	6,401	7	7,480	7,702	7	8,702	9,004	7	9,915	10,309
8	6,271	6,427	8	7,505	7,728	8	8,727	9,030	8	9,939	10,335
9	6,295	6,452	9	7,529	7,754	9	8,751	9,056	9	9,863	10,361

Spez. Gew. 17,5°/17,5° = D	Gew.-% g in 100 g = S	Vol.-% g in 100 cm³ = D×S	Spez. Gew. 17,5°/17,5° = D	Gew.-% g in 100 g = S	Vol.-% g in 100 cm³ = D×S	Spez. Gew. 17,5°/17,5° = D	Gew.-% g in 100 g = S	Vol.-% g in 100 cm³ = D×S	Spez. Gew. 17,5°/17,5° = D	Gew.-% g in 100 g = S	Vol.-% g in 100 cm³ = D×S
1	2	3	1	2	3	1	2	3	1	2	3
1,0400	9,988	10,387	1,0450	11,186	11,689	1,0500	12,376	12,995	1,0550	13,555	14,301
1	10,012	10,413	1	11,210	11,715	1	12,400	13,021	1	13,579	14,327
2	10,036	10,439	2	11,233	11,741	2	12,423	13,047	2	13,602	14,353
3	10,060	10,465	3	11,257	11,768	3	12,447	13,073	3	13,626	14,380
4	10,084	10,491	4	11,281	11,794	4	12,470	13,099	4	13,649	14,406
5	10,108	10,517	5	11,305	11,820	5	12,493	13,125	5	13,672	14,432
6	10,132	10,543	6	11,329	11,846	6	12,517	13,151	6	13,695	14,458
7	10,156	10,569	7	11,352	11,872	7	12,540	13,177	7	13,719	14,484
8	10,180	10,595	8	11,376	11,898	8	12,564	13,203	8	13,743	14,510
9	10,204	10,622	9	11,400	11,924	9	12,588	13,229	9	13,767	14,536
1,0410	10,228	10,648	1,0460	11,424	11,950	1,0510	12,612	13,255	1,0560	13,790	14,562
1	10,252	10,674	1	11,448	11,976	1	12,636	13,281	1	13,814	14,589
2	10,276	10,699	2	11,472	12,002	2	12,660	13,308	2	13,837	14,615
3	10,300	10,725	3	11,495	12,029	3	12,683	13,334	3	13,860	14,641
4	10,324	10,751	4	11,520	12,055	4	12,707	13,360	4	13,884	14,668
5	10,348	10,777	5	11,544	12,081	5	12,731	13,386	5	13,907	14,694
6	10,371	10,803	6	11,568	12,108	6	12,755	13,413	6	13,931	14,720
7	10,395	10,828	7	11,592	12,134	7	12,779	13,439	7	13,955	14,746
8	10,419	10,854	8	11,616	12,160	8	12,802	13,465	8	13,979	14,773
9	10,443	10,880	9	11,640	12,186	9	12,826	13,491	9	14,002	14,799
1,0420	10,467	10,906	1,0470	11,664	12,212	1,0520	12,849	13,517	1,0570	14,025	14,825
1	10,491	10,932	1	11,688	12,238	1	12,872	13,543	1	14,049	14,851
2	10,515	10,958	2	11,712	12,264	2	12,895	13,569	2	14 072	14,877
3	10,539	10,984	3	11,736	12,290	3	12,919	13,595	3	14,095	14,903
4	10,563	11,011	4	11,760	12,317	4	12,943	13,621	4	14,119	14,929
.5	10,588	11,037	5	11,783	12,343	5	12,967	13,647	5	14,142	14,955
6	10,612	11,063	6	11,807	12,369	6	12,990	13,673	6	14,165	14,981
7	10,636	11,089	7	11,831	12,395	7	13,014	13,699	7	14,188	15,007
8	10,659	11,115	8	11,855	12,421	8	13,037	13,725	8	14,212	15,033
9	10,683	11,141	9	11,879	12,447	9	13,060	13,751	9	14,235	15,059
1,0430	10,707	11,167	1,0480	11,902	12,473	1,0530	13,084	13,777	1,0580	14,258	15,085
1	10,731	11,193	1	11,926	12,499	1	13,107	13,803	1	14,281	15,111
2	10,755	11,219	2	11,950	12,525	2	13,131	13,829	2	14,305	15,137
3	10,779	11,246	3	11,974	12,551	3	13,155	13,855	3	14,328	15,163
4	10,803	11,272	4	11,998	12,578	4	13,179	13,882	4	14,351	15,189
5	10,827	11,299	5	12,021	12,604	5	13,202	13,908	5	14,374	15,215
6	10,851	11,325	6	12,045	12,630	6	13,226	13,934	6	14,398	15,242
7	10,876	11,352	7	12,069	12,656	7	13,249	13,960	7	14,421	15,268
8	10,900	11,378	8	12,093	12,683	8	13,272	13,986	8	14,444	15,294
9	10,924	11,404	9	12,116	12,709	9	13,295	14,012	9	14,467	15,320
1,0440	10,948	11,430	1,0490	12,140	12,735	1,0540	13,319	14,038	1,0590	14,491	15,346
1	10,972	11,456	1	12,163	12,761	1	13,343	14,064	1	14,514	15,372
2	10,995	11,482	2	12,186	12,787	2	13,367	14,091	2	14,538	15,399
3	11,019	11,508	3	12,209	12,813	3	13,390	14,117	3	14,562	15,426
4	11,043	11,534	4	12,233	12,839	4	13,414	14,144	4	14,586	15,453
5	11,067	11,560	5	12,257	12,865	5	13,437	14,170	5	14,609	15,479
6	11,090	11,585	6	12,281	12,891	6	13,461	14,197	6	14,633	15,506
7	11,114	11,611	7	12,305	12,917	7	13,484	14,223	7	14,656	15,532
8	11,138	11,637	8	12,329	12,943	8	13,507	14,249	8	14,679	15,558
9	11,162	11,663	9	12,352	12,969	9	13,531	14,275	9	14,702	15,584

Spez. Gew. $\frac{17,5°}{17,5°}$ = D	Gew.-% g in 100 g = S	Vol.-% g in 100 cm³ = D×S	Spez. Gew. $\frac{17,5°}{17,5°}$ = D	Gew.-% g in 100 g = S	Vol.-% g in 100 cm³ = D×S	Spez. Gew. $\frac{17,5°}{17,5°}$ = D	Gew.-% g in 100 g = S	Vol.-% g in 100 cm³ = D×S	Spez. Gew. $\frac{17,5°}{17,5°}$ = D	Gew.-% g in 100 g = S	Vol.-% g in 100 cm³ = D×S
1	2	3	1	2	3	1	2	3	1	2	3
1,0600	14,726	15,610	1,0650	15,886	16,919	1,0700	17,039	18,232	1,0750	18,180	19,543
1	14,749	15,636	1	15,909	16,945	1	17,061	18,258	1	18,202	19,569
2	14,772	15,662	2	15,933	16,972	2	17,084	18,284	2	18,225	19,596
3	14,795	15,688	3	15,956	16,998	3	17,107	18,310	3	18,248	19,622
4	14,819	15,714	4	15,979	17,025	4	17,130	18,336	4	18,270	19,648
5	14,842	15,740	5	16,002	17,051	5	17,152	18,362	5	18,293	19,674
6	14,865	15,766	6	16,026	17,078	6	17,175	18,389	6	18,316	19,701
7	14,888	15,792	7	16,049	17,104	7	17,198	18,415	7	18,339	19,727
8	14,912	15,818	8	16,072	17,130	8	17,221	18,441	8	18,361	19,753
9	14,935	15,844	9	16,095	17,156	9	17,244	18,467	9	18,384	19,779
1,0610	14,958	15,870	1,0660	16,118	17,182	1,0710	17,267	18,493	1,0760	18,406	19,805
1	14,981	15,896	1	16,141	17,208	1	17,290	18,520	1	18,429	19,831
2	15,005	15,923	2	16,164	17,234	2	17,313	18,546	2	18,451	19,857
3	15,028	15,949	3	16,187	17,260	3	17,336	18,572	3	18,473	19,883
4	15,051	15,975	4	16,210	17,286	4	17,359	18,598	4	18,496	19,910
5	15,074	16,001	5	16,233	17,313	5	17,382	18,625	5	18,518	19,936
6	15,098	16,028	6	16,256	17,339	6	17,405	18,651	6	18,541	19,962
7	15,121	16,054	7	16,279	17,365	7	17,427	18,677	7	18,564	19,988
8	15,144	16,080	8	16,302	17,391	8	17,450	18,703	8	18,586	20,014
9	15,167	16,106	9	16,325	17,417	9	17,473	18,729	9	18,609	20,041
1,0620	15,191	16,133	1,0670	16,348	17,443	1,0720	17,495	18,755	1,0770	18,632	20,067
1	15,214	16,159	1	16,371	17,469	1	17,518	18,782	1	18,655	20,093
2	15,237	16,185	2	16,394	17,496	2	17,541	18,808	2	18,677	20,119
3	15,260	16,211	3	16,417	17,522	3	17,564	18,834	3	18,700	20,146
4	15,284	16,238	4	16,440	17,549	4	17,586	18,860	4	18,723	20,172
5	15,307	16,264	5	16,463	17,575	5	17,609	18,886	5	18,745	20,198
6	15,330	16,290	6	16,486	17,601	6	17,632	18,913	6	18,768	20,225
7	15,353	16,316	7	16,509	17,627	7	17,655	18,939	7	18,791	20,251
8	15,377	16,343	8	16,533	17,654	8	17,677	18,965	8	18,814	20,278
9	15,400	16,369	9	16,556	17,680	9	17,700	18,991	9	18,836	20,304
1,0630	15,423	16,395	1,0680	16,579	17,706	1,0730	17,723	19,017	1,0780	18,859	20,330
1	15,446	16,421	1	16,602	17,732	1	17,746	19,044	1	18,882	20,357
2	15,469	16,447	2	16,625	17,758	2	17,769	19,070	2	18,905	20,383
3	15,492	16,473	3	16,648	17,785	3	17,792	19,096	3	18,927	20,409
4	15,515	16,499	4	16,671	17,811	4	17,815	19,123	4	18,950	20,436
5	15,538	16,525	5	16,694	17,837	5	17,838	19,149	5	18,973	20,462
6	15,561	16,551	6	16,717	17,863	6	17,861	19,175	6	18,995	20,489
7	15,584	16,577	7	16,740	17,890	7	17,884	19,201	7	19,018	20,515
8	15,607	16,603	8	16,763	17,916	8	17,907	19,228	8	19,041	20,542
9	15,630	16,629	9	16,786	17,943	9	17,930	19,254	9	19,064	20,568
1,0640	15,654	16,656	1,0690	16,809	17,969	1,0740	17,952	19,280	1,0790	19,086	20,594
1	15,677	16,682	1	16,832	17,996	1	17,975	19,307	1	19,109	20,620
2	15,700	16,708	2	16,855	18,022	2	17,998	19,333	2	19,131	20,646
3	15,723	16,734	3	16,878	18,048	3	18,020	19,359	3	19,153	20,672
4	15,747	16,761	4	16,901	18,074	4	18,043	19,386	4	19,176	20,699
5	15,770	16,787	5	16,924	18,100	5	18,066	19,412	5	19,198	20,725
6	15,793	16,814	6	16,947	18,127	6	18,089	19,438	6	19,220	20,751
7	15,816	16,840	7	16,970	18,153	7	18,111	19,464	7	19,243	20,777
8	15,839	16,866	8	16,993	18,180	8	18,134	19,491	8	19,266	20,804
9	15,863	16,893	9	17,016	18,206	9	18,157	19,517	9	19,289	20,830

II. Zucker-(Extrakt-)Tabelle.

Spez. Gew. $\frac{17,5°}{17,5°}$ = D	Gew.-% g in 100 g = S	Vol.-% g in 100 cm² = D×S	Spez. Gew. $\frac{17,5°}{17,5°}$ = D	Gew.-% g in 100 g = S	Vol.-% g in 100 cm² = D×S	Spez. Gew. $\frac{17,5°}{17,5°}$ = D	Gew.-% g in 100 g = S	Vol.-% g in 100 cm² = D×S	Spez. Gew. $\frac{17,5°}{17,5°}$ = D	Gew.-% g in 100 g = S	Vol.-% g in 100 cm² = D×S
1	2	3	1	2	3	1	2	3	1	2	3
1,0800	19,311	20,856	1,0850	20,433	22,170	1,0900	21,548	23,487	1,0950	22,652	24,804
1	19,333	20,882	1	20,456	22,197	1	21,570	23,514	1	22,674	24,830
2	19,356	20,909	2	20,478	22,223	2	21,592	23,541	2	22,696	24,857
3	19,378	20,935	3	20,500	22,249	3	21,614	23,567	3	22,718	24,883
4	19,400	20,961	4	20,523	22,276	4	21,637	23,594	4	22,740	24,910
5	19,423	20,987	5	20,545	22,302	5	21,659	23,620	5	22,762	24,936
6	19,445	21,013	6	20,568	22,329	6	21,681	23,646	6	22,784	24,963
7	19,468	21,040	7	20,591	22,356	7	21,703	23,672	7	22,806	24,989
8	19,491	21,066	8	20,613	22,383	8.	21,726	23,699	8	22,828	25,016
9	19,514	21,092	9	20,636	22,409	9	21,748	23,725	9	22,850	25,042
1,0810	19,536	21,118	1,0860	20,658	22,435	1,0910	21,770	23,751	1,0960	22,872	25,068
1	19,559	21,145	1	20,680	22,462	1	21,792	23,777	1	22,894	25,095
2	19 582	21,171	2	20,702	22,488	2	21,814	23,803	2	22,916	25,121
3	19,604	21,197	3	20,724	22,514	3	21,837	23,830	3	22,938	25,147
4	19,627	21,224	4	20,747	22,541	4	21,859	23,856	4	22,960	25,174
5	19,649	21,250	5	20,769	22,568	5	21,881	23,883	5	22,982	25,200
6	19,671	21,276	6	20,791	22,594	6	21,903	23,909	6	23,004	25,227
7	19,693	21,302	7	20,814	22,621	7	21,926	23,936	7	23,026	25,253
8	19,716	21,329	8	20,836	22,647	8	21,948	23,962	8	23,048	25,280
9	19,739	21,355	9	20,859	22,673	9	21,970	23,989	9	23,070	25,306
1,0820	19,761	21,381	1,0870	20,882	22,699	1,0920	21,992	24,015	1,0970	23,092	25,332
1	19,784	21,408	1	20,904	22,725	1	22,014	24,041	1	23,114	25,358
2	19,806	21,434	2	20,926	22,751	2	22,036	24,068	2	23,135	25,384
3	19,829	21,461	3	20,949	22,778	3	22,058	24,094	3	23,157	25,411
4	19,851	21,487	4	20,971	22,804	4	22,080	24,120	4	23,179	25,437
5	19,873	21,513	5	20,993	22,830	5	22,102	24,147	5	23,201	25,464
6	19,896	21,540	6	21,015	22,856	6	22,124	24,173	6	23,223	25,490
7	19,918	21,566	7	21,037	22,882	7	22,146	24,199	7	23,245	25,516
8	19,941	21,592	8	21,059	22,908	8	22,168	24,226	8	23,267	25,543
9	19,964	21,619	9	21,082	22,935	9	22,190	24,252	9	23,289	25,569
1,0830	19,986	21,645	1,0880	21,104	22,961	1,0930	22,212	24,278	1,0980	23,311	25,595
1	20,009	21,672	1	21,126	22,987	1	22,234	24,304	1	23,332	25,621
2	20,031	21,698	2	21,148	23,013	2	22,256	24,331	2	23,354	25,648
3	20,053	21,724	3	21,170	23,039	3	22,278	24,357	3	23,376	25,674
4	20,076	21,751	4	21,193	23,066	4	22,300	24,383	4	23,398	25,701
5	20,098	21,777	5	21,215	23,092	5	22,322	24,410	5	23,420	25,727
6	20,120	21,803	6	21,237	23,118	6	22,344	24,436	6	23,442	25,754
7	20,143	21,829	7	21,259	23,145	7	22,366	24,462	7	23,464	25,780
8	20,166	21,856	8	21,281	23,171	8	22,388	24,489	8	23,486	25,807
9	20,189	21,883	9	21,304	23,198	9	22,410	24,515	9	23,508	25,833
1,0840	20,211	21,909	1,0890	21,326	23,224	1,0940	22,432	24,541	1,0990	23,530	25,859
1	20,233	21,935	1	21,348	23,250	1	22,454	24,567	1	23,551	25,885
2	20,256	21,961	2	21,370	23,276	2	22,476	24,594	2	23,573	25,912
3	20,278	21,987	3	21,392	23,302	3	22,498	24,620	3	23,595	25,938
4	20,300	22,013	4	21,415	23,329	4	22,520	24,646	4	23,617	25,964
5	20,322	22,039	5	21,437	28,355	5	22,542	24,673	5	23,639	25,991
6	20,344	22,065	6	21,459	23,382	6	22,564	24,699	6	28,661	26,017
7	20,367	22,092	7	21,481	23,408	7	22,586	24,725	7	23,683	26,044
8	20,389	22,118	8	21,503	23,434	8	22,608	24,752	8	23,705	26,070
9	20,411	22,144	9	21,526	23,461	9	22,630	24,778	9	23,727	26,097

Spez. Gew. $\frac{17,5°}{17,5°}$ = D	Gew.-% g in 100 g = S	Vol.-% g in 100 em³ = D×S	Spez. Gew. $\frac{17,5°}{17,5°}$ = D	Gew.-% g in 100 g = S	Vol.-% g in 100 cm³ = D×S	Spez. Gew. $\frac{17,5°}{17,5°}$ = D	Gew.-% g in 100 g = S	Vol.-% g in 100 cm³ = D×S	Spez. Gew. $\frac{17,5°}{17,5°}$ = D	Gew.-% g in 100 g = S	Vol.-% g in 100 cm³ = D×S
1	2	3	1	2	3	1	2	3	1	2	3
1,1000	23,748	26,123	1,1050	24,834	27,442	1,1100	25,913	28,763	1,1150	26,986	30,089
1	23,770	26,150	1	24,856	27,468	1	25,935	28,790	1	27,007	30,116
2	23,792	26,176	2	24,878	27,495	2	25,956	28,816	2	27,028	30,142
3	23,814	26,203	3	24,899	27,521	3	25,978	28,843	3	27,050	30,169
4	23 836	26,230	4	24,921	27,548	4	26,000	28,870	4	27,071	30,195
5	23,858	26,256	5	24,943	27,575	5	26,021	28,896	5	27,092	30,222
6	23,880	26,283	6	24,965	27,602	6	26,042	28,922	6	27,113	30,248
7	23,902	26,309	7	24,986	27,628	7	26,064	28,949	7	27,135	30,275
8	23,924	26,336	8	25,008	27,654	8	26,085	28,975	8	27,156	30,301
9	23,945	26,362	9	25,030	27,680	9	26,107	29,002	9	27,177	30,327
1,1010	23,967	26,388	1,1060	25,051	27,706	1,1110	26,128	29,028	1,1160	27,198	30,353
1	23,989	26,414	1	25,073	27,733	1	26,150	29,055	1	27,219	30,379
2	24,011	26,440	2	25,094	27,759	2	26,171	29,082	2	27,241	30,406
3	24,033	26,467	3	25,116	27,786	3	26,192	29,108	3	27,262	30,433
4	24,054	26,493	4	25,137	27,812	4	26,214	29,135	4	27,283	30,459
5	24,076	26,520	5	25,159	27,839	5	26,235	29,161	5	27,304	30,485
6	24,098	26,547	6	25,180	27,865	6	26,257	29,188	6	27,326	30,512
7	24,119	26,573	7	25,202	27,892	7	26,278	29,214	7	27,347	30,538
8	24,141	26,600	8	25,224	27,919	8	26,300	29,241	8	27,368	30,565
9	24,163	26,626	9	25,245	27,945	9	26,321	29,267	9	27,389	30,591
1,1020	24,185	26,652	1,1070	25,267	27,971	1,1120	26,343	29,293	1,1170	27,410	30,617
1	24,206	26,678	1	25,288	27,997	1	26,364	29,320	1	27,432	30,644
2	24,228	26,704	2	25,310	28,024	2	26,385	29,346	2	27,453	30,671
3	24,249	26,730	3	25,331	28,050	3	26,407	29,373	3	27,474	30,698
4	24,271	26,756	4	25,353	28,077	4	26,428	29,399	4	27,495	30,724
5	24,293	26,783	5	25,374	28,103	5	26,450	29,426	5	27,517	30,751
6	24,314	26,809	6	25,396	28,129	6	26,471	29,452	6	27,538	30,777
7	24,336	26,835	7	25,418	28,156	7	26,493	29,479	7	27,559	30,804
8	24,358	26,861	8	25,439	28,182	8	26,514	29,505	8	27,580	30,831
9	24,380	26,888	9	25,461	28,208	9	26,536	29,532	9	27,601	30,857
1,1030	24,401	26,914	1,1080	25,482	28,234	1,1130	26,557	29,558	1,1180	27,623	30,883
1	24,423	26,941	1	25,504	28,261	1	26,578	29,584	1	27,644	30,909
2	24,444	26,967	2	25,525	28,287	2	26,600	29,611	2	27,665	30,936
3	24,466	26,993	3	25,547	28,314	3	26,621	29,637	3	27,686	30,962
4	24,488	27,020	4	25,568	28,340	4	26,643	29,664	4	27,708	30,989
5	24,509	27,046	5	25,590	28,367	5	26,664	29,690	5	27,729	31,015
6	24,531	27,073	6	25,612	28,394	6	26,686	29,717	6	27,750	31,041
7	24,553	27,099	7	25,633	28,420	7	26,707	29,743	7	27,771	31,068
8	24,575	27,126	8	25,655	28,447	8	26,729	29,770	8	27,792	31,094
9	24,596	27,152	9	25,676	28,473	9	26,750	29,797	9	27,814	31,121
1,1040	24,618	27,178	1,1090	25,698	28,499	1,1140	26,771	29,823	1,1190	27,835	31,147
1	24,639	27,204	1	25,719	28,525	1	26,793	29,850	1	27,856	31,174
2	24,661	27,230	2	25,741	28,552	2	26,814	29,876	2	27,877	31,200
3	24,683	27,257	3	25,762	28,578	3	26,836	29,903	3	27,899	31,227
4	24,704	27,283	4	25,784	28,605	4	26,857	29,930	4	27,920	31,254
5	24,726	27,310	5	25,806	28,632	5	26,879	29,957	5	27,941	31,280
6	24,748	27,336	6	25,827	28,658	6	26,900	29,984	6	27,962	31,307
7	24,770	27,363	7	25,849	28,685	7	26,922	30,011	7	27,983	31,333
8	24,791	27,389	8	25,870	28,711	8	26,943	30,037	8	28,005	31,360
9	24,813	27,416	9	25,892	28,737	9	26,964	30,063	9	28,026	31,387

Spez. Gew. $\frac{17,5°}{17,5°} = D$	Gew.-% g in 100 g $= S$	Vol.-% g in 100 cm³ $= D \times S$	Spez. Gew. $\frac{17,5°}{17,5°} = D$	Gew.-% g in 100 g $= S$	Vol.-% g in 100 cm³ $= D \times S$	Spez. Gew. $\frac{17,5°}{17,5°} = D$	Gew.-% g in 100 g $= S$	Vol.-% g in 100 cm³ $= D \times S$	Spez. Gew. $\frac{17,5°}{17,5°} = D$	Gew.-% g in 100 g $= S$	Vol.-% g in 100 cm³ $= D \times S$
1	2	3	1	2	3	1	2	3	1	2	3
1,1200	28,047	31,413	1,1230	28,680	32,208	1,1260	29,312	33,005	1,1290	29,942	33,805
1	28,068	31,440	1	28,702	32,235	1	29,333	33,032	1	29,963	33,832
2	28,089	31,466	2	28,723	32,261	2	29,354	33,058	2	29,984	33,859
3	28,110	31,492	3	28,744	32,288	3	29,375	33,085	3	30,005	33,886
4	28,131	31,519	4	28,765	32,314	4	29,396	33,111			
5	28,153	31,545	5	28,786	32,341	5	29,417	33,138			
6	28,174	31,571	6	28,807	32,368	6	29,438	33,164			
7	28,195	31,598	7	28,828	32,394	7	29,459	33,191			
8	28,216	31,625	8	28,849	32,421	8	29,480	33,218			
9	28,237	31,651	9	28,870	32,448	9	29,501	33,245			
1,1210	28,258	31,677	1,1240	28,892	32,475	1,1270	29,522	33,271			
1	28,279	31,704	1	28,913	32,502	1	29,543	33,297			
2	28,300	31,731	2	28,934	32,528	2	29,564	33,324			
3	28,322	31,757	3	28,955	32,555	3	29,585	33,350			
4	28,343	31,784	4	28,976	32,581	4	29,606	33,377			
5	28,364	31,810	5	28,997	32,608	5	29,627	33,404			
6	28,385	31,837	6	29,018	32,634	6	29,648	33,431			
7	28,406	31,863	7	29,039	32,661	7	29,669	33,457			
8	28,427	31,890	8	29,060	32,687	8	29,690	33,484			
9	28,448	31,916	9	29,081	32,714	9	29,711	33,511			
1,1220	28,469	31,942	1,1250	29,102	32,740	1,1280	29,732	33,538			
1	28,490	31,968	1	29,123	32,766	1	29,753	33,565			
2	28,512	31,995	2	29,144	32,793	2	29,774	33,591			
3	28,533	32,022	3	29,165	32,819	3	29,795	33,618			
4	28,554	32,049	4	29,186	32,846	4	29,816	33,645			
5	28,575	32,076	5	29,207	32,872	5	29,837	33,671			
6	28,596	32,103	6	29,228	32,899	6	29,858	33,698			
7	28,617	32,129	7	29,249	32,925	7	29,879	33,725			
8	28,638	32,156	8	29,270	32,952	8	29,900	33,751			
9	28,659	32,182	9	29,291	32,979	9	29,921	33,778			

Spez. Gew. 17,5°/17,5°	Gew.-% g in 100 g	1) Alkohol im Bier	Spez. Gew. 17,5°/17,5°	Gew.-% g in 100 g	1) Alkohol im Bier	Spez. Gew. 17,5°/17,5°	Gew.-% g in 100 g	1) Alkohol im Bier	Spez. Gew. 17,5°/17,5°	Gew.- % g in 100 g	Spez. Gew. 17,5°/17,5°	Gew.- % g in 100 g	Spez. Gew. 17,5°/17,5°	Gew.- % g in 100 g
1,0000	0,000													
0,9999	0,053	0,035	0,9949	2,801	1,858	0,9899	5,823	3,843	0,9849	9,213	0,979	13,69	0,929	44,50
8	0,106	0,071	8	2,858	1,895	8	5,887	3,885	8	9,285	8	14,49	8	44,97
7	0,159	0,106	7	2,915	1,933	7	5,951	3,926	7	9,357	7	15,29	7	45,44
6	0,212	0,141	6	2,972	1,971	6	6,015	3,968	6	9,429	6	16,09	6	45,91
5	0,265	0,177	5	3,029	2,009	5	6,079	4,011	5	9,501	5	16,89	5	46,38
4	0,318	0,212	4	3,087	2,048	4	6,143	4,052	4	9,574	4	17,69	4	46,84
3	0,371	0,247	3	3,145	2,086	3	6,207	4,094	3	9,647	3	18,48	3	47,30
2	0,424	0,282	2	3,204	2,124	2	6,272	4,136	2	9,720	2	19,27	2	47,76
1	0,478	0,318	1	3,263	2,163	1	6,337	4,179	1	9,793	1	20,04	1	48,22
0	0,532	0,354	0	3,322	2,201	0	6,402	4,221	0	9,866	0	20,81	0	48,67
0,9989	0,586	0,390	0,9939	3,381	2,240	0,9889	6,467	4,264	0,9839	9,939	0,969	21,56	0,919	49,12
8	0,640	0,426	8	3,440	2,279	8	6,532	4,306	8	10,012	8	22,31	8	49,57
7	0,694	0,462	7	3,499	2,318	7	6,597	4,349	7	10,086	7	23,05	7	50,02
6	0,748	0,498	6	3,558	2,357	6	6 663	4,392	6	10,160	6	23,77	6	50,47
5	0,802	0,534	5	3,617	2,396	5	6,729	4,435	5	10,234	5	24,48	5	50,92
4	0,856	0,570	4	3,676	2,435	4	6,795	4,478	4	10,308	4	25,18	4	51,37
3	0,910	0,606	3	3,735	2,474	3	6,861	4,522	3	10,382	3	25,86	3	51,82
2	0,964	0,642	2	3,794	2,513	2	6,927	4,565	2	10,456	2	26,54	2	52,27
1	1,018	0,677	1	3,853	2,552	1	6,993	4,608	1	10,530	1	27,20	1	52,72
0	1,072	0,713	0	3,912	2,590	0	7,059	4,650	0	10,604	0	27,85	0	53,16
0,9979	1,127	0,750	0,9929	3,971	2,629	0,9879	7,126	4,693	0,9829	10,679	0,959	28,49	0,909	53,60
8	1,182	0,786	8	4,030	2,668	8	7,193	4,736	8	10,754	8	29,12	8	54,04
7	1,237	0,823	7	4,090	2,707	7	7,260	4,781	7	10,829	7	29,74	7	54,48
6	1,292	0,859	6	4,150	2,746	6	7,327	4,825	6	10,904	6	30,36	6	54,92
5	1,347	0,896	5	4,210	2,786	5	7,394	4,868	5	10,979	5	30,96	5	55,36
4	1,402	0,932	4	4,270	2,825	4	7,461	4,911	4	11,054	4	31,55	4	55,80
3	1,457	0,969	3	4,330	2,865	3	7,529	4,956	3	11,130	3	32,14	3	56,24
2	1,512	1,005	2	4,390	2,904	2	7,597	5,000	2	11,206	2	32,71	2	56,68
1	1,567	1,042	1	4,451	2,944	1	7,665	5,044	1	11,282	1	33,28	1	57,12
0	1,622	1,078	0	4,512	2,984	0	7,733	5,088	0	11,358	0	33,84	0	57,56
0,9969	1,677	1,115	0,9919	4,573	3,024	0,9869	7,802	5,133	0,9819	11,434	0,949	34,40	0,899	58,00
8	1,732	1,151	8	4,634	3,065	8	7,871	5,178	8	11,510	8	34,95	8	58,44
7	1,787	1,187	7	4,695	3,105	7	7,940	5,223	7	11,586	7	35,49	7	58,88
6	1,842	1,224	6	4,756	3,145	6	8,009	5,268	6	11,662	6	36,03	6	59,31
5	1,897	1,260	5	4,817	3,185	5	8,079	5,313	5	11,739	5	36,56	5	59,74
4	1,952	1,297	4	4,879	3,225	4	8,149	5,359	4	11,816	4	37,09	4	60,17
3	2,007	1,333	3	4,941	3,266	3	8,219	5,404	3	11,893	3	37,61	3	60,60
2	2,063	1,370	2	5,003	3,306	2	8,289	5,450	2	11,970	2	38,12	2	61,03
1	2,119	1,407	1	5,066	3,347	1	8,359	5,496	1	12,047	1	38,63	1	61,46
0	2,175	1,444	0	5,129	3,389	0	8,430	5,541	0	12,125	0	39,14	0	61,89
0,9959	2,231	1,481	0,9909	5,192	3,430	0,9859	8,501	5,587	0,9809	12,203	0,939	39,65	0,889	62,32
8	2,288	1,519	8	5,255	3,471	8	8,572	5,633	8	12,281	8	40,15	8	62,75
7	2,345	1,557	7	5,318	3,513	7	8,643	5,679	7	12,359	7	40,65	7	63,18
6	2,402	1,595	6	5,381	3,554	6	8,714	5,726	6	12,437	6	41,14	6	63,61
5	2,459	1,632	5	5,444	3,595	5	8,785	5,772	5	12,515	5	41,63	5	64,04
4	2,516	1,670	4	5,507	3,636	4	8,856	5,818	4	12,593	4	42,12	4	64,47
3	2,573	1,707	3	5,570	3,678	3	8,927	5,864	3	12,671	3	42,60	3	64,90
2	2,630	1,745	2	5.633	3,719	2	8,998	5,910	2	12,749	2	43,08	2	65,32
1	2,687	1,783	1	5,696	3,760	1	9,069	5,956	1	12,828	1	43,56	1	65,75
0	2,744	1,820	0	5,759	3,801	0	9,141	6,003	0	12,907	0	44,03	0	66,17

1) Diese Spalte gibt nach der Destillationsmethode unter den üblichen Arbeitsbedingungen ohne weiteres den Alkoholgehalt des Bieres in Gew.-% an. Eventuell ist eine kleine Korrektur anzubringen. Näheres s. S. 6.

Spez. Gew. $\frac{17,5°}{17,5°}$	Gw.-°/o g in 100 g	Spez. Gew. $\frac{17,5°}{17,5°}$	Gw.-°/o g in 100 g	Spez. Gew. $\frac{17,5°}{17,5°}$	Gw.-°/o g in 100 g	Spez. Gew. $\frac{17,5°}{17,5°}$	Gw.-°/o g in 100 g	Spez. Gew. $\frac{17,5°}{17,5°}$	Gw.-°/o g in 100 g	Spez. Gew. $\frac{17,5°}{17,5°}$	Gw.-°/o g in 100 g
0,879	66,59	0,859	74,96	0,839	83,09	0,819	90,82	0,809	94,44	0,799	97,87
8	67,01	8	75,37	8	83,49	8	91,19	8	94,79	8	98,20
7	67,43	7	75,78	7	83,89	7	91,56	7	95,14	7	98,53
6	67,85	6	76,19	6	84,29	6	91,93	6	95,49	6	98,86
5	68,27	5	76,60	5	84,69	5	92,29	5	95,84	5	99,19
4	68,69	4	77,01	4	85,08	4	92,65	4	96,18	4	99,51
3	69,11	3	77,42	3	85,47	3	93,01	3	96,52	3	99,83
2	69,53	2	77,83	2	85,86	2	93,37	2	96,86		
1	69,95	1	78,24	1	86,25	1	93,73	1	97,20		
0	70,37	0	78,65	0	86,64	0	94,09	0	97,54		
0,869	70,79	0,849	79,06	0,829	87,03					—	—
8	71,21	8	79,47	8	87,41						
7	71,63	7	79,88	7	87,79					0,79250	100,00
6	72,05	6	80,29	6	88,17						
5	72,47	5	80,69	5	88,55						
4	72,89	4	81,09	4	88,93						
3	73,31	3	81,49	3	89,31						
2	73,73	2	81,89	2	89,69						
1	74,14	1	82,29	1	90,07						
0	74,55	0	82,69	0	90,45						

Alkohol = A =	p = 1	2	3	4	5	6	7	8	9	10	11	12	13	14	
	b = 0,4864	0,4889	0,4915	0,4941	0,4967	0,4993	0,5020	0,5047	0,5074	0,5102	0,5130	0,5158	0,5187	0,5215	0,
0,1	0,206	0,204	0,203	0,202	0,201	0,200	0,199	0,198	0,197	0,196	0,195	0,194	0,193	0,192	0
0,2	0,411	0,409	0,407	0,405	0,403	0,401	0,398	0,396	0,394	0,392	0,390	0,388	0,386	0,384	
0,3	0,617	0,613	0,610	0,607	0,604	0,601	0,598	0,594	0,591	0,588	0,585	0,582	0,578	0,575	0
0,4	0,822	0,818	0,814	0,810	0,805	0,801	0,797	0,792	0,788	0,784	0,780	0,776	0,771	0,767	0
0,5	—	1,022	1,017	1,012	1,006	1,001	0,996	0,990	0,985	0,980	0,974	0,969	0,964	0,959	0
0,6	—	1,227	1,220	1,214	1,208	1,202	1,195	1,189	1,183	1,176	1,169	1,163	1,157	1,151	1
0,7	—	1,431	1,424	1,417	1,409	1,402	1,394	1,387	1,380	1,372	1,364	1,357	1,350	1,343	1
0,8	—	1,636	1,627	1,619	1,610	1,602	1,594	1,585	1,577	1,568	1,559	1,551	1,542	1,534	1
0,9	—	1,840	1,831	1,821	1,812	1,803	1,793	1,783	1,774	1,764	1,754	1,745	1,735	1,726	1
1,0	—	—	2,034	2,024	2,013	2,003	1,992	1,981	1,971	1,960	1,949	1,939	1,928	1,918	1
1,1	—	—	2,237	2,226	2,214	2,203	2,191	2,179	2,168	2,156	2,144	2,133	2,121	2,110	2
1,2	—	—	2,441	2,429	2,416	2,404	2,390	2,377	2,365	2,352	2,339	2,327	2,314	2,302	2
1,3	—	—	2,644	2,631	2,617	2,604	2,590	2,575	2,562	2,548	2,534	2,521	2,506	2,493	2
1,4	—	—	2,848	2,834	2,818	2,804	2,789	2,773	2,759	2,744	2,729	2,715	2,699	2,685	2
1,5	—	—	—	3,036	3,019	3,004	2,988	2,971	2,956	2,940	2,924	2,909	2,892	2,877	2
1,6	—	—	—	3,238	3,221	3,205	3,187	3,170	3,154	3,136	3,118	3,102	3,085	3,069	3,
1,7	—	—	—	3,441	3,422	3,405	3,386	3,368	3,351	3,332	3,313	3,296	3,278	3,261	3,
1,8	—	—	—	3,643	3,623	3,605	3,586	3,566	3,548	3,528	3,508	3,490	3,470	3,452	3,
1,9	—	—	—	3,846	3,825	3,806	3,785	3,764	3,745	3,724	3,703	3,684	3,663	3,644	3,
2,0	—	—	—	—	4,026	4,006	3,984	3,962	3,942	3,920	3,898	3,878	3,856	3,836	3,
2,1	—	—	—	—	4,227	4,206	4,183	4,160	4,139	4,116	4,093	4,072	4,049	4,028	4,
2,2	—	—	—	—	4,429	4,407	4,382	4,358	4,336	4,312	4,288	4,266	4,242	4,220	4,
2,3	—	—	—	—	4,630	4,607	4,582	4,556	4,533	4,508	4,483	4,460	4,434	4,411	4,
2,4	—	—	—	—	4,831	4,807	4,781	4,754	4,730	4,704	4,678	4,654	4,627	4,603	4,
2,5	—	—	—	—	—	5,007	4,980	4,952	4,927	4,900	4,872	4,847	4,820	4,795	4,
2,6	—	—	—	—	—	5,208	5,179	5,151	5,125	5,179	5,067	5,041	5,013	4,987	4,
2,7	—	—	—	—	—	5,408	5,378	5,349	5,322	5,206	5,349	5,235	5,206	5,179	5,

7	18	19	20	21	22	23	24	25	26	27	28	29	30	Alkohol = A =
304	0,5334	0,5365	0,5396	0,5427	0,5458	0,5490	0,5523	0,5555	0,5589	0,5622	0,5656	0,5690	0,5725	
188	0,187	0,186	0,185	0,184	0,183	0,182	0,181	0,180	0,179	0,178	0,177	0,176	0,175	0,1
377	0,375	0,373	0,371	0,369	0,366	0,364	0,362	0,360	0,358	0,356	0,354	0,351	0,349	0,2
565	0,562	0,559	0,556	0,553	0,550	0,546	0,543	0,540	0,537	0,534	0,530	0,527	0,524	0,3
754	0,750	0,746	0,741	0,737	0,733	0,728	0,724	0,720	0,716	0,712	0,707	0,703	0,699	0,4
,942	0,937	0,932	0,926	0,921	0,916	0,910	0,905	0,900	0,894	0,889	0,884	0,878	0,873	0,5
131	1,125	1,118	1,112	1,106	1,099	1,093	1,087	1,080	1,073	1,067	1,061	1,054	1,048	0,6
319	1,312	1,305	1,297	1,290	1,282	1,275	1,268	1,260	1,252	1,245	1,238	1,230	1,223	0,7
508	1,500	1,491	1,482	1,474	1,466	1,457	1,449	1,440	1,431	1,423	1,414	1,406	1,398	0,8
696	1,687	1,678	1,668	1,659	1,649	1,639	1,630	1,620	1,610	1,601	1,591	1,581	1,572	0,9
,885	1,875	1,864	1,853	1,843	1,832	1,821	1,811	1,800	1,789	1,779	1,768	1,757	1,747	1,0
,074	2,062	2,050	2,038	2,027	2,015	2,003	1,992	1,980	2,968	1,957	1,945	1,933	1,922	1,1
,262	2,250	2,237	2,224	2,212	2,198	2,185	2,173	2,160	2,147	2,135	2,122	2,108	2,096	1,2
,450	2,437	2,423	2,409	2,396	2,382	2,367	2,354	2,340	2,326	2,313	2,298	2,284	2,271	1,3
,639	2,625	2,610	2,594	2,580	2,565	2,549	2,535	2,520	2,505	2,491	2,475	2,460	2,446	1,4
,828	2,812	2,796	2,779	2,764	2,748	2,731	2,716	2,700	2,683	2,668	2,652	2,635	2,620	1,5
,016	3,000	2,982	2,965	2,949	2,931	2,914	2,898	2,880	2,862	2,846	2,829	2,811	2,795	1,6
,205	3,187	3,169	3,150	3,133	3,114	3,096	3,079	3,060	3,041	3,024	3,006	2,987	2,970	1,7
,393	3,375	3,355	3,335	3,317	3,298	3,278	3,260	3,240	3,220	3,202	3,182	3,163	3,145	1,8
,581	3,562	3,542	3,521	3,502	3,481	3,460	3,441	3,420	3,399	3,380	3,359	3,338	3,319	1,9
,770	3,750	3,728	3,706	3,686	3,664	3,642	3,622	3,600	3,578	3,558	3,536	3,514	3,494	2,0
,959	3,937	3,914	3,891	3,870	3,847	3,824	3,802	3,780	3,757	3,736	3,713	3,690	3,669	2,1
,147	4,125	4,101	4,077	4,055	4,030	4,006	3,984	3,960	3,936	3,914	3,890	3,865	3,843	2,2
,335	4,312	4,287	4,262	4,239	4,214	4,188	4,165	4,140	4,115	4,092	4,066	4,041	4,018	2,3
,524	4,500	4,474	4,447	4,423	4,397	4,370	4,346	4,320	4,294	4,270	4,243	4,217	4,193	2,4
,712	4,687	4,660	4,632	4,607	4,580	4,552	4,527	4,500	4,472	4,447	4,420	4,392	4,367	2,5
,901	4,875	4,846	4,818	4,792	4,763	4,735	4,709	4,680	4,651	4,625	4,597	4,568	4,542	2,6
,089	5,062	5,033	5,003	4,976	4,946	4,917	4,890	4,860	4,830	4,803	4,774	4,744	4,717	2,7

2,8	—	—	—	—	—	5,608	5,578	5,547	5,519	5,488	5,457	5,429	5,398	5,370	5,
2,9	—	—	—	—	—	5,809	5,777	5,745	5,716	5,684	5,652	5,623	5,591	5,562	5,
3,0	—	—	—	—	—	—	5,125	5,262	5,206	5,292	5,151	5,149	5,089	5,041	5,
3,1	—	—	—	—	—	—	6,175	6,141	6,110	6,076	6,042	6,011	5,977	5,946	5,
3,2	—	—	—	—	—	—	6,374	6,339	6,307	6,272	6,237	6,205	6,170	6,138	6,
3,3	—	—	—	—	—	—	6,574	6,537	6,504	6,468	6,432	6,399	6,362	6,329	6,
3,4	—	—	—	—	—	—	6,773	6,735	6,701	6,664	6,627	6,593	6,555	6,521	6,
3,5	—	—	—	—	—	—	—	6,933	6,898	6,860	6,821	6,786	6,748	6,713	6,
3,6	—	—	—	—	—	—	—	7,132	7.096	7,056	7,016	6,980	6,941	6,904	6,
3,7	—	—	—	—	—	—	—	7,330	7,293	7,252	7,211	7,174	7,134	7,097	7,
3,8	—	—	—	—	—	—	—	7,528	7,490	7,448	7,406	7,368	7,326	7,288	7,
3,9	—	—	—	—	—	—	—	7,726	7,687	7,644	7,601	7,562	7,519	7,480	7,
4,0	—	—	—	—	—	—	—	—	7,884	7,840	7,796	7,756	7,712	7,672	7,
4,1	—	—	—	—	—	—	—	—	8,081	8,036	7,991	7,950	7,905	7,864	7,
4,2	—	—	—	—	—	—	—	—	8,278	8,232	8,186	8,144	8,098	8,056	8,
4,3	—	—	—	—	—	—	—	—	8,475	8,428	8,381	8,338	8,290	8,247	8,
4,4	—	—	—	—	—	—	—	—	8,672	8,624	8,576	8,532	8,483	8,439	8,
4,5	—	—	—	—	—	—	—	—	—	8,820	8,770	8,725	8,676	8,631	8,
4,6	—	—	—	—	—	—	—	—	—	9,016	8,965	8,919	8,869	8,823	8,
4,7	—	—	—	—	—	—	—	—	—	9,212	9,160	9,113	9,062	9,015	8,
4,8	—	—	—	—	—	—	—	—	—	9,408	9,355	9,307	9,254	9,206	9,
4,9	—	—	—	—	—	—	—	—	—	9,604	9,550	9,501	9,447	9,398	9,
5,0	—	—	—	—	—	—	—	—	—	—	9,745	9,695	9,640	9,590	9,
5,1	—	—	—	—	—	—	—	—	—	—	9,940	9,889	9,833	9,782	9,
5,2	—	—	—	—	—	—	—	—	—	—	10,135	10,083	10,025	9,974	9,
5,3	—	—	—	—	—	—	—	—	—	—	10,330	10,277	10,218	10,165	10,1
5,4	—	—	—	—	—	—	—	—	—	—	10,525	10,471	10,411	10,357	10,
5,5	—	—	—	—	—	—	—	—	—	—	—	10,664	10,604	10,549	10,4
5,6	—	—	—	—	—	—	—	—	—	—	—	10,858	10,797	10,741	10,6
5,7	—	—	—	—	—	—	—	—	—	—	—	11,052	10,990	10,933	10,8
5,8	—	—	—	—	—	—	—	—	—	—	—	11,246	11,182	11,124	11,0
5,9	—	—	—	—	—	—	—	—	—	—	—	11,440	11,375	11,316	11,2
6,0	—	—	—	—	—	—	—	—	—	—	—	—	11,568	11,508	11,4

78	5,250	5,219	5,188	5,160	5,130	5,099	5,071	5,040	5,009	4,981	4,950	4,920	4,892	2,8
66	5,437	5,406	5,374	5,345	5,313	5,281	5,252	5,220	5,188	5,159	5,127	5,095	5,066	2,9
19	5,219	5,160	5,099	5,062	5,040	5,220	5,159	5,940	5,871	5,862	5,765	5,834	5,798	3,0
43	5,812	5,778	5,744	5,713	5,679	5,645	5,614	5,580	5,546	5,515	5,481	5,447	5,416	3,1
32	6,000	5,965	5,930	5,898	5,862	5,827	5,795	5,760	5,725	5,693	5,658	5,622	5,590	3,2
20	6,187	6,151	6,115	6,082	6,046	6,009	5,976	5,940	5,904	5,871	5,834	5,798	5,765	3,3
09	6,375	6,338	6,300	6,266	6,229	6,191	6,157	6,120	6,083	6,049	6,011	5,974	5,940	3,4
97	6,562	6,524	6,485	6,450	6,412	6,373	6,338	6,300	6,261	6,226	6,188	6,149	6,114	3,5
86	6,749	6,710	6,671	6,633	6,595	6,556	6,520	6,480	6,440	6,404	6,365	6,325	6,289	3,6
74	6,937	6,897	6,856	6,819	6,778	6,738	6,701	6,660	6,619	6,582	6,542	6,501	6,464	3,7
63	7,125	7,083	7,041	7,003	6,962	6,920	6,882	6,840	6,798	6,760	6,718	6,677	6,639	3,8
51	7,312	7,270	7,227	7,188	7,145	7,102	7,063	7,020	6,977	6,938	6,895	6,852	6,813	3,9
40	7,500	7,456	7,412	7,372	7,328	7,284	7,244	7,200	7,156	7,116	7,072	7,028	6,988	4,0
28	7,687	7,642	7,597	7,556	7,511	7,466	7,425	7,380	7,335	7,294	7,249	7,204	7,163	4,1
17	7,875	7,829	7,783	7,741	7,694	7,648	7,606	7,560	7,514	7,472	7,426	7,379	7,337	4,2
05	8,062	8,015	7,968	7,925	7,878	7,830	7,787	7,740	7,693	7,650	7,602	7,555	7,512	4,3
94	8,250	8,202	8,153	8,109	8,061	8,012	7,968	7,920	7,872	7,828	7,779	7,731	7,687	4,4
82	8,437	8,388	8,338	8,293	8,244	8,194	8,149	8,100	8,050	8,005	7,956	7,906	7,861	4,5
71	8,625	8,574	8,524	8,478	8,427	8,377	8,331	8,280	8,229	8,183	8,133	8,082	8,036	4,6
59	8,812	8,760	8,709	8,662	8,610	8,559	8,512	8,460	8,408	8,361	8,310	8,258	8,211	4,7
48	9,000	8,947	8,894	8,846	8,794	8,741	8,693	8,640	8,587	8,539	8,486	8,434	8,386	4,8
36	9,187	9,134	9,080	9,031	8,977	8,923	8,874	8,820	8,766	8,717	8,663	8,609	8,560	4,9
25	9,375	9,320	9,265	9,215	9,160	9,105	9,055	9,000	8,945	8,895	8,840	8,785	8,735	5,0
13	9,562	9,506	9,450	9,399	9,343	9,287	9,236	9,180	9,124	9,073	9,017	8,961	8,910	5,1
02	9,750	9,693	9,636	9,584	9,526	9,469	9,417	9,360	9,303	9,251	9,194	9,136	9,084	5,2
90	9,937	9,879	9,821	9,768	9,710	9,651	9,598	9,540	9,482	9,429	9,370	9,312	9,259	5,3
79	10,125	10,066	10,006	9,952	9,893	9,833	9,779	9,720	9,661	9,607	9,547	9,488	9,434	5,4
67	10,312	10,252	10,191	10,136	10,076	10,015	9,960	9,900	9,839	9,784	9,724	9,663	9,608	5,5
56	10,500	10,438	10,377	10,321	10,259	10,198	10,142	10,080	10,018	9,962	9,901	9,839	9,783	5,6
44	10,687	10,625	10,562	10,505	10,442	10,380	10,323	10,260	10,197	10,140	10,078	10,015	9,958	5,7
33	10,875	10,811	10,747	10,689	10,626	10,562	10,504	10,440	00,376	10,318	10,254	10,191	10,133	5,8
21	11,062	10,998	10,933	10,874	10,809	10,744	10,685	10,620	10,555	10,496	10,431	10,366	10,307	5,9
10	11,250	11,184	11,118	11,058	10,492	10,926	10,866	10,800	10,734	10,674	10,608	10,542	10,482	6,0

www.ingramcontent.com/pod-product-compliance
Lightning Source LLC
Chambersburg PA
CBHW081247190326
41458CB00016B/5954